Dieter Radaj

Wege zu einer umfassenden Evolutionstheorie

Dieter Radaj

Wege zu einer umfassenden Evolutionstheorie

tredition

Herstellung und Vertrieb im Auftrag des Autors:
tredition GmbH, Halenreie 42, 22359 Hamburg, tredition.com
Inhaltliche Verantwortung allein beim Autor.
Textaufnahme: Claudia Raschke
Gestaltung: Christian Radaj

ISBN 978-3-347-65177-7
eBook 978-3-347-65191-3

Inhalt

Geleitwort

Die Erfolge und Grenzen der Evolutionstheorie sind in dem von mir verfassten Werk *Vier Meditationen zum Gottesbegriff* (Wissenschaftliche Buchgesellschaft, Darmstadt 2021) im Rahmen der dritten Meditation dargestellt. Die Einbindung dieser Theorie in ein umfassendes Weltmodell, das neben der Natur auch den Geist umfasst, ist dort nicht konsequent zuende geführt. Dies soll mit der vorliegenden Schrift nachgeholt werden. Zugleich wird der Gedankengang in abgekürzter und dennoch strenger Form wiedergegeben. Als neuartige These wird vorgeschlagen, der äußeren Welt die (äußeren) Wirkursachen, der inneren Welt die (inneren) Zweckursachen zuzuordnen, gleichbedeutend mit Determiniertheit allein in der äußeren Welt und Freiheit allein in der inneren Welt. Das ungelöste Descartes'sche Problem der Interaktion der beiden Bereiche wird dadurch zwar verschärft, aber eine Ausgangsbasis für die Verständigung zwischen Natur- und Geisteswissenschaft wäre gelegt.

Einführung

Die naturwissenschaftlichen Evolutionstheorien (kosmologische, biologische und anthropologische Evolutionstheorie) haben sich erst in neuester Zeit durchgesetzt, ausgelöst durch Darwins Abstammungslehre (1859). Sie sind ein dominanter Bestandteil säkular-atheistischer Welterklärung, die dem materialistischen Naturalismus zuzuordnen ist. Die Rationalität, Erklärungskraft und empirische Absicherung dieser Theorien verführt dazu, deren Grenzen zu übersehen und das nur in Teilbereichen gewonnene Wissen unzulässig zu verallgemeinern. Nachfolgend werden diese Grenzen aufgezeigt. Um ein ausgewogenes Urteil zu ermöglichen, werden die Erfolge der Theorien in Kurzform vorangestellt. Die Struktur einer die kulturelle Komponente umfassenden Evolutionstheorie wird vorgestellt.

Kosmologische Evolutionstheorie

Die kosmologische Evolutionstheorie umfasst die Entstehung von Materie und Strahlung, von Galaxien und Sternen, von Sonnensystem und Erde. Der Evolutionsgedanke kam in diesem Bereich erstmals mit der Kant-Laplace'schen Nebularhypothese zur Entstehung des Sonnensystems (1755 bzw. 1796) auf, fand aber erst mit dem Konzept des expandierenden Kosmos (Einstein 1915/17, Friedmann 1923/24, Hubble 1929) allgemeine Anerkennung. Allerdings hatte der Evolutionsgedanke in der Geologie bereits im 17. Jh. zur Erklärung der Fossilien Eingang gefunden.

Nach der kosmologischen Evolutionstheorie begann die Entwicklung des Kosmos vor 13,8 Mrd. Jahren. Aus Fluktuationen von Materieenergiequanten im Vakuum entstand ein erstes Kosmosbläschen, das sich inflationär vergrößerte und zugleich abkühlte. Ein Teilchenplasma entstand, erst mit Bosonen, dann mit Protonen und Neutronen und schließlich mit den Atomkernen von Wasserstoff und Helium. Dies geschah in den ersten drei Minuten des Ursprungs, auch „Urknall" genannt. Die eigentliche Kosmosevolution schloss sich dem an, beginnend mit der Entkopplung von Materie und Strahlung (noch heute als Hintergrundstrahlung zu empfangen) und fortgesetzt mit verlangsamter Expansion und Abkühlung. Aus Dichteschwankungen der Wasserstoffnebel entstanden erst Megasterne, dann bei deren Explosion Staubnebel mit den schwereren Elementen und schließlich aus den Staubnebeln die Galaxien mit unterschiedlichen Sternarten. Unsere Sonne mit den Planeten bildete sich vor 4,6 Mrd. Jahren ausgehend von einer rotierenden Gas- und Staubscheibe. Der Mond ging aus der Kollision der jungen Erde mit einem Planetoiden hervor. Die Weltmeere entstammen dem Einschlag wasserhaltiger Kometen. Die weitere geologische Entwicklung ist durch Erosion und Sedimentation, Vulkanismus und Plattentektonik (Kontinentaldrift) bestimmt.

Die Grenzen der kosmologischen Evolutionstheorie sind die Grenzen der Physik, nach deren Methoden der Kosmos erforscht und beschrieben wird. Die Vorgänge werden messtechnisch quantifiziert, theoretisch gedeutet und mathematisch beschrieben. Das Ziel ist die Aufdeckung von Naturgesetzen. Der Fortschritt des Wissens kommt dadurch zustande, dass theoretische

Ansätze messtechnisch bestätigt oder falsifiziert werden.

Die Grenzen der Physik und damit der Kosmologie zeigen sich in drei Ausgangsannahmen, die sich in neuerer Zeit als nur eingeschränkt gültig erwiesen haben.

Erstens liegt der Physik die Descartes'sche Dualität von materieller äußerer und geistiger innerer Welt zugrunde. Nur die materielle äußere Welt ist Gegenstand der Physik. Sie ist sinnlich wahrnehmbar. Es wird von einer objektiv gegebenen, vom wahrnehmenden Subjekt unabhängigen Wirklichkeit ausgegangen, die sich in Raum und Zeit, Materie und Energie zeigt. Diese Auffassung konnte in der neueren Physik nicht durchgehalten werden. Beispielsweise entscheidet der Experimentator durch die gewählte Messanordnung, ob Licht als Welle oder Teilchen erscheint.

Zweitens befasst sich die Physik nur mit wiederholten oder wiederholbaren Vorgängen, deren Regelhaftigkeit in der Wirklichkeit durch den Zufall eingeschränkt wird. Das führte zu den Wahrscheinlichkeitskonzepten in der neueren Physik, beispielsweise in der Quantenmechanik.

Drittens lässt die Physik nur Wirkursachen zu und schließt Zielursachen aus. Auch diese Auffassung musste in neuerer Zeit revidiert werden. In Selbstorganisationsprozessen wirkt ein höherer Ordnungszustand auf das Verhalten seiner Teile. Diese finale Ausrichtung bleibt allerdings physikalisch fassbar.

Die herkömmliche Physik schloss ein evolutionäres Gewordensein ihres Untersuchungsgegenstandes aus. Mit der kosmologischen Evolutionstheorie änderte sich dies. Damit stellen sich zwei weitere, vorerst offene Grenzfragen.

Erstens ist die Zeit als Bezugsgröße der Kosmosevolution unzureichend. Da die Zeit durch die Abfolge von Ereignissen gegeben ist, kann es keinen Anfang des Kosmos in der Zeit geben, wie bereits Augustinus festgestellt hat. Auch gibt es nach der Relativitätstheorie keine vom Bezugssystem unabhängige Gegenwart, die Vergangenheit und Zukunft trennt. Ein der Raumzeit übergeordnetes Konzept wird benötigt.

Zweitens zeigen die Naturkonstanten während der gesamten Evolution eine überraschende Feinabstimmung, ohne die die Kosmosevolution gescheitert wäre. Beispielsweise hätten nur wenige Prozent Abweichung der Gravitationskonstanten den Radius der Erdumlaufbahn um die Sonne derart vergrößert bzw. verkleinert, dass die damit verbundene Temperaturänderung auf der Erde die Evolution von Leben unmöglich gemacht hätte.

Selbst innerhalb der aufgezeigten Grenzen hat die Physik ihr ursprüngliches Ziel nicht erreicht, eine einheitliche Theorie der materiellen Welt zu bieten. Auch dies ist bei der Bewertung der auf physikalischer Erkenntnis beruhenden kosmologischen Evolutionstheorie zu beachten. Ob sich in Zukunft die Grenzen vermindern und die Theorien vereinheitlichen lassen, muss bezweifelt werden.

Biologische Evolutionstheorie

Die biologische Evolutionstheorie umfasst in zeitlicher Folge die Anfänge des Lebens, die Mikroevolution zu den Einzellern und die Makroevolution zu den mehrzelligen Lebewesen. Dem Evolutionsgedanken stand die herkömmliche christlich-abendländische Auffassung entgegen, nach der die biologischen Arten als einmalig und unveränderlich geschaffen galten. Der Durchbruch zur Evolutionstheorie gelang Darwin (1858/59). Die Theorie sagt aus, dass die mit variablen Merkmalen auftretenden Abkömmlingen einer Art in ihrer Umwelt der natürlichen Auslese unterworfen sind. Nur die hinreichend angepassten Individuen pflanzen sich fort. Auf diese Weise passen sich die Arten veränderten Umweltbedingungen an und können neue Lebensräume besetzen.

Die *Anfänge des Lebens*, die nach herkömmlicher Auffassung im Verborgenen lagen, werden nach heutiger Auffassung als biomolekulare Prozesse beschrieben, die nach dem Erkalten der Erdkruste vor 4,0 Mrd. Jahren einsetzten. Drei Grundprozesse gelten als Lebensmerkmale: die Selbstorganisation des strukturellen und funktionellen Aufbaus, die Selbsterhaltung durch Stoffwechsel und Energieaustausch mit der Umgebung und die Selbstreproduktion durch Vermehrung. Den Prozessen zugrunde liegt ein Zusammenspiel zweier Arten von Kettenmolekülen: Nukleinsäuren (DNA) in Anordnung einer Doppelhelix als Informationsträger und Aminosäuren (Proteine) in linearer Anordnung als Funktionsträger. Das Zusammenspiel wird bestimmt von zufälliger Mutation und gesetzlicher Selektion. Es liegt der Selbstorganisation und Selbstreproduktion zugrunde.

Das biomolekulare Zusammenspiel wurde von Eigen (1977/78) über ein reaktionskinetisches Hyperzyklusmodell mathematisch beschrieben. Rückkoppelnde Zyklen verbinden Nukleotide und Proteine (bzw. Enzyme) katalytisch und sind ihrerseits in einen Hyperzyklus eingefügt. Dessen Stabilität, Replikationsschnelligkeit und Replikationsgenauigkeit wird abhängig von der Kettenlänge der beteiligten Moleküle dargestellt. Entstehungs- und Zerstörungsraten überlagern sich. Für die Selektion ist eine hohe Replikationsgenauigkeit wichtig, für die Evolution eine hohe Mutationsrate. Vorteilhafte Zyklen setzen sich ein für alle Mal durch. Die für eine Molekülart unter bestimmten Umgebungsbedingungen gegebene Überlebensfähigkeit (Fitness) wird als „Selektionswert“ bestimmt.

Die Verhältnisse in der natürlichen Umgebung sind allerdings viel zu komplex, um den Selektionswert tatsächlich zu bestimmen. Die Theorie ist damit empirisch nicht überprüfbar. Erwiesen ist jedoch, dass die Anfänge des Lebens physikalisch erfassbar sind und dass dabei zufällige Mutationen und gesetzliche Selektion ineinandergreifen.

Die vorstehend beschriebenen biomolekularen Prozesse wurden in der Evolution von der Bildung kleinräumiger Zellen begleitet. Zellen ermöglichen die erforderliche Konzentration der Reaktionspartner. Auch für die Zellenbildung gibt es naturalistische Entstehungshypothesen.

Die Anfänge des Lebens aus toter Materie sind damit in den Grundzügen physikalisch beschrieben. Dabei wird vorausgesetzt, dass die Möglichkeit von Rückkopplung und Zyklenbildung bereits in der toten Materie angelegt ist. Was die Verwirklichung des Möglichen dann angetrieben hat, bleibt hinter den Wahrscheinlichkeitsannahmen verborgen. Eine besondere „Vitalkraft" ist dafür nicht erforderlich, wohl aber eine finale Ausrichtung.

Die *Mikroevolution zu den Einzellern* erstreckte sich über die frühe Erdepoche des Präkambriums (vor 4 Mrd. bis 542 Mio. Jahren). Sie führte zu den einzelligen Mikroorganismen erst ohne Zellkern (Prokaryonten: Eubakerien, Archaeabakterien, Cyanobakterien), dann mit Zellkern (Eukaryonten). Letztere bildeten die Ausgangsbasis der Evolution der mehrzelligen Lebewesen, der Pilze, Pflanzen und Tiere. Mit den Eukaryonten erschien auch die Sexualität. Im präkambrischen Stadium der Evolution ist ein Austausch genetischer Strukturen anzutreffen, die Stammeslinien sind noch nicht getrennt (Endosymbiose).

Die *Makroevolution zu den mehrzelligen Lebewesen*, die vor 542 Mio. Jahren einsetzte, umfasst das Erscheinen der Trilobiten, Fische, Landpflanzen, Ammoniten, Insekten, Amphibien, Reptilien, Nadelhölzer, Vögel, Dinosaurier und zuletzt der Primaten unter Einschluss des Menschen. Die Theorie der biologischen Makroevolution ist die auf Darwin zurückgehende Abstammungslehre, die die evolutionäre Verwandtschaft der früheren fossilierten und heutigen rezenten Lebewesen beschreibt. Je zwei Arten von Lebewesen sind in hierarchischer Ordnung mit einem Vorfahr verbunden, der nicht

Vorfahr anderer Arten ist. Dieser Sachverhalt wird grafisch durch den evolutionären Stammbaum dargestellt, der sich im Unterschied zum herkömmlichen Familienstammbaum nicht auf einzelne Individuen, sondern auf Gruppen von Individuen, nämlich auf die biologischen Arten bezieht. Diese werden typologisch und populationsgenetisch festgelegt. Der typologische Artbegriff verlangt die Übereinstimmung der Individuen einer Art untereinander und mit ihren Vorfahren und Nachfahren in den als wesentlich erachteten anatomischen, physiologischen und ethologischen Merkmalen. Der populationsgenetische Artbegriff gründet auf dem gemeinsamen Genpool einer geschlechtlichen Fortpflanzungsgemeinschaft.

Triebkraft der Makroevolution ist die natürliche Selektion unter den geologischen Veränderungen der Erdoberfläche. In der Population einer Art vermehren sich bevorzugt die Bestangepassten und bilden bei räumlicher Separation eine neue Art. Die Selektion greift an den Individuen der Population an. Die Merkmale der Individuen variieren infolge von Mutationen und infolge der Rekombination der Gene bei der geschlechtlichen Fortpflanzung. Die geologischen Veränderungen der Erdoberfläche im betrachteten Zeitraum der Makroevolution sind durch das Auseinanderdriften der Kontinente bedingt, verbunden mit Vulkanismus in den Randzonen der Kontinentalplatten, sowie durch Erosion, Sedimentation und Auffaltung der Sedimentationsschichten. Zwei Aussterbeereignisse der Makroevolution wurden durch Vulkanismus verursacht: das Massensterben der Trilobiten vor 250 Mio. Jahren und das Aussterben der Dinosaurier vor 65 Mio. Jahren.

Während die Kosmologie in den Naturgesetzen der Physik ihre methodische Basis hat, ist in der Biologie allenfalls Regelhaftigkeit anzutreffen, was Ausnahmen von der Regel bekanntermaßen einschließt. Zwar gibt es die Mendelschen Gesetze der Vererbung und in der Populationsgenetik werden die Methoden der mathematischen Statistik angewendet, aber sie spielen eine untergeordnete Rolle. Im Vordergrund stehen nicht Gesetze, sondern Klassifikationen auf Basis vergleichender Typologie und genetischer Analysen, einmündend in den evolutionären Stammbaum der biologischen Arten. Auf diese Weise ist es gelungen, die Zigmillionen Tier- und Pflanzenarten einem einheitlichen Ordnungsschema zuzuführen. Die biologische Evolution lässt sich aus dem Ineinandergreifen von Zufall und Gesetzlichkeit erklären. Dieses bestimmt die Anfänge des Lebens, den mikrobiologischen Bereich der Genentwicklung und den makrobiologischen Bereich der Tier- und Pflanzenentwicklung, dessen Gesetzlichkeit sich im „Überleben des Tauglichsten" ausdrückt.

Während der Zufall in der Physik über Wahrscheinlichkeitskonzepte erfassbar bleibt und im mikrobiologischen Bereich über gewürfelte Brettspiele (nach Eigen und Winkler) Analogieschlüsse erlaubt, ist er im makrobiologischen Bereich die große Unbekannte. „Gott oder der Zufall" ist hier die Grenzfrage, denn das Prinzip „Überleben des Tauglichsten" ist der Tautologie verdächtig. Es beschreibt einen Sachverhalt, ohne ihn zu erklären.

Obwohl die Vorgänge in der lebendigen Natur durchwegs den Gesetzen der Physik gehorchen, also die

Existenz besonderer Lebenskräfte (Vitalismus) zu verneinen ist, ist die komplexere biologische Ebene keineswegs vollständig auf die einfachere physikalische Ebene reduzierbar. Neben der einfachen kausalen Determination der Physik wirken höhere Determinationen, wie sie aus naturphilosophischer Sicht von N. Hartmann (1950) dargestellt wurden, darunter die Zentraldetermination, die Ganzheitsdetermination, das Widerspiel aufbauender und abbauender Prozesse, die Selbstregulation. Es sind dies Strukturmerkmale, hinter denen Gesetzlichkeiten vermutet werden können.

In der biologischen Evolution spielen neben der äußerlich erkundbaren Gesetzlichkeit die Innerlichkeit bzw. Subjektivität der Lebewesen eine wesentliche Rolle. Ihr Einfluss wächst mit der Höherentwicklung. Wie Innerlichkeit in der Materie entstehen kann, ist völlig ungeklärt. Von der Evolutionstheorie wurde Innerlichkeit zunächst ausgeschlossen, später aber durch die Hintertür hereingeholt, indem die Außenwirkungen der Innerlichkeit zugelassen wurden (Verhaltensforschung). Innerlichkeit lässt sich wohl nur unter Hinzunahme von Ziel- oder Zweckursachen erklären. Die teleologischen Naturphilosophie des Aristoteles bietet sich als Ausgangsbasis an.

Anthropologische Evolutionstheorie

Die aufgrund der typologischen Ähnlichkeit abgeleitete Abstammung des Menschen von affenartigen Vorfahren, von Darwin selbst erst relativ spät (1871) vorgetragen, war das eigentliche Skandalon der biologischen

Evolutionstheorie. Die Zurückhaltung Darwins gründete sich im seinerzeit fast vollständigen Fehlen von Skelettrelikten, die diese Abstammung hätten belegen können. Erst in neuerer Zeit (ab 1924 bzw. 1960) konnte die Abstammung des Menschen vom Menschenaffen anhand ergiebiger Funde in Afrika und weiterer Funde in Indien, China und Südostasien im Verbund mit genetischen Analysen verlässlich nachgewiesen werden. Eine eindeutig belegbare lückenlose Abstammungslinie ist aber auch damit nicht gegeben.

Die Abstammung des Menschen wird heute in vereinfachter Form als Abfolge von Urschimpanse, Homo australopithecus, Homo erectus und Homo sapiens dargestellt. Diese Hauptarten traten nacheinander auf (paläontologischer Artbegriff), sind aber auch typologisch unterscheidbar (biologischer Artbegriff). Die besonders interessierende Abzweigung der Menschenlinie von der Schimpansenlinie (vor 13–7 Mio. Jahren) stellt sich eher als verwickeltes Linienbündel dar. Der Mensch kann nicht auf eine einzige Urform zurückgeführt werden. Homo sapiens erschien schließlich vor 250 Tsd. Jahren. Seine anatomischen Kennzeichen sind der zweibeinige aufrechte Gang, die Freisetzung der Vordergliedmaßen als Hände, der weitgehende Wegfall der Behaarung, die hoch entwickelte räumliche und farbliche Sehfähigkeit, die anatomischen Voraussetzungen der Sprechfähigkeit und schließlich die Vergrößerung des Hirnvolumens. Triebkraft der Evolution zum Menschen war der Klimawandel und dessen ökologische Folgen, sowohl der Klimawandel am ursprünglichen tropischen Habitat der

Population, als auch der Klimawandel durch Ausbreitung der Population in nicht tropische Randzonen, in denen ein Wechsel von Warm- und Eiszeiten auftrat.

Mit dem Erscheinen des Menschen wurde die biologische Evolution zunehmend von der kulturellen Evolution überlagert, beginnend mit der Herstellung von Geröllwerkzeugen vor 2,5 Mio. Jahren, fortgeführt mit der Entwicklung von Handel und Verkehr, Rechtswesen und Ethik, Wissenschaft und Technik sowie Kunst und Religion, begleitet von der Entwicklung der Symbolsprache als Basis der Verständigung und des begrifflichen Denkens.

Es ist versucht worden, die kulturelle Evolution in Analogie zur populationsgenetisch basierten Evolutionstheorie zu beschreiben. Als Replikationseinheiten wurden von Gehirn zu Gehirn weitergegebene Informationselemente, sog. „Meme" eingeführt. Trotz vielfältiger Bemühungen ließ sich das Konzept empirisch nicht belegen.

Umfassende Evolutionstheorie

Um in einer umfassenden Evolutionstheorie auch die kulturelle Komponente zu erfassen, ist es notwendig, die Innerlichkeit von Kosmos, Natur und Mensch evolutiv abzubilden. Als strukturelle Vorlage bietet sich die in der abendländischen Geistesentwicklung einflussreiche Emanationslehre des Plotin (205–270) an, des Begründers des Neuplatonismus. Ein zeitloser Weltprozess der Innerlichkeit wird beschrieben, der durch Geschlossenheit und denkerische Strenge besticht. Der Plotinsche Weltprozess wird ergänzt durch die erkenntnistheoretische Sicht des Nikolaus Cusanus (1401–1464), in der eine Verbindung zwischen innerer und äußerer Welt hergestellt wird. Etwas später hebt René Descartes (1596–1650) die Verbindung durch den Substanzdualismus von Geist und Materie auf, ohne deren faktische Interaktion erklären zu können. In neuerer Zeit hat Friedrich W. Schelling (1775–1854) ein Modell der komplementären Evolution innerer und äußerer Welt entwickelt. Eine Geist und Materie umfassende Evolutionstheorie hat schließlich Teilhard de Chardin (1881–1955) vorgelegt, während der Philosoph Thomas Nagel (geb. 1937) lediglich die Möglichkeit einer derartigen Theorie untersucht. Abschließend wird der Vorschlag des Autors zur Grundstruktur einer umfassenden Evolutionstheorie unterbreitet.

Plotins Emanationslehre: Das unaussprechliche Eine, das über Sein, Geist und Gott hinausreicht, ist das Erste, veranschaulicht als Überströmen einer unerschöpflichen Quelle. Es folgt der stufenweise Herabstieg vom Einen zum Vielen, vom Vollkommenen zum Unvollkommenen. Das Zweite ist der Geist, Abbild des Einen, der mit den Ideen, den Normen und den Werten verbunden ist. Das Dritte ist die Weltseele, Abbild des Geistes, die sich als Einzelseelen auf die Körper verteilt. Diese drei Wesenheiten gehören zum Bereich des Göttlichen, das sich im Herabstieg der Vielheit öffnet. Zugehörig sind Freiheit, Wille und Aktivität. Das Vierte ist der Bereich des Sinnlichen, also der Natur, mit der formlosen Materie als äußerster Grenze. Er ist von der Seele erzeugt und nur scheinbar seiend. In ihm erscheinen

Raum, Zeit und Kausalität. Zugehörig sind Notwendigkeit und Passivität. Der Weltprozess ist mit Emanation und Herabstieg vom Einen keineswegs beendet. So wie das Viele vom Einen herabgestiegen ist, soll es im Aufstieg zum Einen zurückfinden. Dies kann die Einzelseele bewirken, die ein Moment der Weltseele ist. Sie soll sich von allem Sinnlichen befreien, soll den Geist auf die Ideen und das Eine richten, geleitet vom Willen zum Guten.

Cusanus' Koinzidenzlehre: Der menschliche Geist ist Abbild des göttlichen Geistes. Der göttliche Geist als das absolute Eine ist die Zusammenfaltung (lat. complicatio) aller weltlichen Dinge in Gott. Andererseits sind die weltlichen Dinge die Selbstentfaltung (lat. explicatio) Gottes, also Gott in allem Endlichen. Das durch gegensätzliche Begriffsbildung erfasste endliche Viele fällt in der Einheit Gottes grenzwertig zusammen (Koinzidenz). Dem christlichen Neuplatonismus entsprechend ist das transzendente Eine mit Gott identisch.

Descartes' Geist-Materie-Dualismus: Geist und Materie erscheinen bei Descartes als voneinander unabhängige endliche Substanzen (substantia cogitans sive mens und substantia extensa sive corpus) gegenüber der einen unendlichen Substanz, nämlich Gott. Die faktische Interaktion der beiden endlichen Substanzen war Descartes unerklärlich und ist es trotz intensiver Hirnforschung bis heute geblieben.

Schellings theosophische Evolutionslehre: Es wird zwischen Realem und Idealem unterschieden. Das Reale ist tragender Grund, während das Ideale getragen wird. Dem Realen ist ein kontrahierendes, also nach innen gerichtetes Prinzip zugeordnet, personal als Selbstheit aufgefasst. Dem Idealen ist ein expandierendes, also nach außen gerichtetes Prinzip zugeordnet, personal als Liebe aufgefasst. Das Reale bzw. die Selbstheit bedarf der Zügelung durch das Ideale bzw. die Liebe. In der Spätphilosophie Schellings wird das Reale als Lebenswille und daseinsschaffende Macht dem expandierenden Prinzip zugeordnet, das Ideale dagegen als Ordnungsmacht dem kontrahierenden Prinzip.

Teilhards umfassende Evolutionstheorie: Den Entwurf einer umfassenden Evolutionstheorie hat 1940 der jesuitische Paläontologe und Anthropologe Teilhard de Chardin vorgelegt (deutscher Buchtitel: „Der Mensch im Kosmos"). Das Werk beschränkt sich auf die phänomenologischen Aspekte der äußerlichen und innerlichen Evolution ohne auf die an anderer Stelle vorgetragene kosmische Christologie einzugehen.

Nach Teilhard ist die Evolution des Kosmos durch zunehmende Komplexität der Naturobjekte gekennzeichnet, die Außenseite der Dinge. Damit verbunden ist eine zunehmende Zentrierung des Bewusstseins, die Innenseite der Dinge. Physische Ausfaltung und psychische Einfaltung bedingen sich gegenseitig. Die Evolution ist als Lebensbaum darstellbar, an dessen Spitze der Mensch steht.

Als Vorstufe des Lebens vollzieht sich die Evolution der Materie, die die Zentrierung des Bewusstseins bereits keimhaft enthält. Auf der ersten Stufe des Lebens entwickelt sich die Biosphäre (Biomoleküle, Zellen, Lebewesen, Arten). Nervensystem und Gehirn ermöglichen Interaktion zwischen Außen- und Innenwelt. Auf der zweiten Stufe des Lebens entwickelt sich die

Noosphäre, die Sphäre der Vergeistigung und Personalisierung. Die Person ist dabei Glied der Menschheit als Gruppe, die durch die Liebe zusammengehalten wird. Die Evolution kulminiert in einem höheren Leben jenseits des Individuellen und Kollektiven, das Personale übersteigend, von universeller Liebe getragen, der Bewusstseinspunkt Omega. Der vollendete Geist löst sich von der materiellen Basis, die Befreiung des Menschen.

Teilhards Ausblick auf ein höheres Leben ist phänomenologisch nicht belegbar, sondern christliche Hoffnung. Er ist dennoch als teleologische Hypothese gerechtfertigt, die Erklärungsspielräume eröffnet, die phänomenologisch überprüfbar sind. Dies im Unterschied zur gegenteiligen Hypothese, die den Menschen als ein Zufallsergebnis der Evolution auffasst (Monod 1970).

Nagels Fundamentalkritik der herkömmlichen Evolutionstheorie: Der an der New York University lehrende Philosoph Thomas Nagel hat 2012 das der herkömmlichen Evolutionstheorie zugrunde liegende materialistische neodarwinistische Konzept denkerisch wohlbegründet heftig kritisiert (deutscher Buchtitel: „Geist und Kosmos - Warum die materialistische neodarwinistische Konzeption der Natur so gut wie sicher falsch ist"). Als wesentlicher Mangel wird hervorgehoben, dass der Geist als Bestandteil des Kosmos nicht erfasst ist.

Nagel erklärt die bisherige Evolutionstheorie für gescheitert und erörtert Möglichkeiten einer umfassenden Theorie, die notwendigerweise zielgerichtete („teleologische") bzw. intentionale („theistische") Elemente aufweisen wird. Dabei unterscheidet er die konstitutive Frage der Geistbegabung der Materie von der geschichtlichen Frage, wie sich Geistbegabung evolutiv durchsetzen konnte. Reduktive und emergenztheoretische Konzepte werden verglichen. Die in den Naturwissenschaften zunächst ausgeschlossene Teleologie muss unter der heutigen Dominanz von Wahrscheinlichkeitsgesetzen wieder zugelassen werden.

Im Einzelnen werden von Nagel die Geistbereiche „Bewusstsein", „Kognition" und „Wert" im Hinblick auf Möglichkeiten evolutionstheoretischer Erklärung untersucht. Unter „Bewusstsein" wird die subjektive Funktion des Mentalen verstanden. Hypothesen werden erörtert, die das Mentale evolutiv mit der Materie verbinden. Unter „Kognition" wird die Fähigkeit des Bewusstseins verstanden, die objektive Realität von Natur und Werten durch Denken, Begründen und Urteilen zu erfassen. Unter „Wert" werden Wertsubjektivismus und Wertrealismus gegenübergestellt. Als Ergebnis der rein spekulativen Untersuchungen betrachtet Nagel lediglich die teleologische oder gar theistische Option als tragfähig für eine umfassende Evolutionstheorie.

Schlussfolgerung des Autors: Die Descartes'sche Hypothese der Dualität von Geist und Materie im endlichen Sein und Erkennen muss aufgrund des Erfolgs der Naturwissenschaften beibehalten werden. Sie ist darüber hinaus dem Alltagsverstand plausibel. Jedoch muss beachtet werden, dass mit dieser Festlegung die faktische Interaktion der beiden Bereiche unerklärt bleibt, also nicht die ganze Wirklichkeit erkannt wird, sondern nur zwei Teilaspekte. Im Anschluss an Descartes wurde Gott als Träger der Interaktion angenommen, als Okkasionalismus bei Geulincx bzw. als prästabilierte Harmonie bei Leibniz. Teilhards Evolutionstheorie enthält die göttliche Interaktion implizit. Nagels teleologische bzw. theistische Option steht dieser Auffassung nahe.

Eine umfassende Evolutionstheorie hat nach den vorstehend erläuterten Ansätzen die äußere materielle Welt des Realen ebenso wie die innere geistige Welt des Idealen zu erfassen. Die äußere Welt ist auf das Viele, die innere Welt auf das Eine gerichtet. Im Sinne eindeutiger Argumentationen dürfte es vorteilhaft sein, der äußeren Welt die (äußeren) Wirkursachen, der inneren Welt die (inneren) Zweckursachen zuzuordnen. In der äußeren Welt herrscht nach Wahrscheinlichkeitskonzepten beschreibbare Determiniertheit, in der inneren Welt herrscht unbedingte Freiheit. Der naturwissenschaftliche Teil der Evolutionstheorie bliebe frei von Teleologie wie bisher, der geisteswissenschaftliche Teil wäre hochgradig teleologisch. Das Problem der Interaktion der beiden Bereiche wäre damit noch schärfer als bisher gestellt. Eine allgemeine Lösung des Interaktionsproblems ist nach bisheriger Erfahrung nicht möglich, aber es können Lösungen in abgegrenzten Einzelfällen gesucht werden.

Zur geistesgeschichtlichen Evolution ist anzumerken, dass der das Eine abbildende absolute Geist nach platonischer Auffassung keiner Evolution unterliegt, wohl aber der am absoluten Geist teilhabende relative Geist, der räumlich und zeitlich an den Menschen gebunden ist.

Eine erste Sichtung der im naturwissenschaftlichen und geisteswissenschaftlichen Bereich wirkenden Prinzipe zeigt, dass im naturwissenschaftlichen Bereich das Durchsetzen der Eigen- und Gruppeninteressen die

Evolution antreibt, während im geisteswissenschaftlichen Bereich die Verwirklichung der unvergänglichen Ideen im Denken und Handeln ausschlaggebend ist. Die Prinzipe der beiden Bereiche lassen sich nicht zur Deckung bringen. Der Mensch ist aufgerufen, die Bedingtheiten seines Körpers und Nervensystems durch die ihm verfügbare Geistigkeit zu überwinden.

Mit diesen kurzgefassten Schlussfolgerungen des Autors ist das zentrale Problem der Interaktion zwischen der Körper- und Geisteswelt nicht gelöst, aber es ist eine Verständigungsbasis gelegt für den Dialog zwischen dem meist säkular-atheistisch eingestellten Vertretern der naturwissenschaftlichen Evolutionstheorie und den die Geistigkeit des Menschen hervorhebenden Vertretern von Naturphilosophie oder göttlicher Offenbarung.

Literatur

Radaj, Dieter: *Philosophische Grundbegriffe der Naturwissenschaften – Sein und Werden, Raum und Zeit, Kausalität und Wechselwirkung, Zufall und Notwendigkeit.* Wissenschaftliche Buchgesellschaft, Darmstadt 2017.

Radaj, Dieter: *Vier Meditationen zum Gottesbegriff.* Wissenschaftliche Buchgesellschaft, Darmstadt 2021.

Lebens- und Werksdaten zu den Vordenkern

Plotin (204–270), Vordenker der Emmanationslehre, ist nicht, wie bisher angenommen, in Lykopolis (in Oberägypten) geboren, sondern dürfte einer griechisch sprechenden Familie der römischen Oberschicht entstammen, möglicherweise sogar dem Senatorengeschlecht der Plautier, das dem Kaiserhaus nahestand. Er führte in Rom ein großes Haus und wurde wiederholt zum Vormund minderjähriger Kinder von römischen Adeligen bestimmt.

Um 232, also mit achtundzwanzig Jahren, wendet sich Plotin der Philosophie zu. In Alexandria, der damaligen Wissensmetropole, besucht er die Vorlesungen berühmter Lehrer und bekehrt sich zum Platonismus. In 243, also nach elf Jahren, verlässt er Alexandria, um als Begleiter des Kaisers Gordian III. an dessen Feldzug gegen die Perser teilzunehmen. Ab 245 lässt sich Plotin in Rom nieder und eröffnet eine eigene Philosophenschule. Mit seinem Schülerkreis lebt Plotin nach dem Vorbild von Platons Akademie eng zusammen. Nach mehrjähriger Lehrtätigkeit beginnt er 254 mit der Abfassung seiner Schriften, die von seinem Schüler Porphyrios gesammelt und später herausgegeben werden.

Um 268 erkrankt Plotin und zieht sich auf das Landgut eines verstorbenen Schülers in Kampanien zurück. Dort ist er 270 gestorben. Seine letzten Worte drücken aus, dass das Göttliche in uns mit dem Göttlichen im All zu vereinigen sei, also die Seele mit dem Geist als Inbegriff der Seinsfülle. Viermal im Verlauf seines Lebens soll Plotin die ekstatische Vereinigung mit der Gottheit bereits zuteilgeworden sein. Das nach seinem Tod in

Delphi eingeholte Orakel des Apollon spricht ihm die Vergöttlichung zu, gleichgestellt mit Platon und Pythagoras.

Die Schriften Plotins sind unsystematisch aus seiner Lehrtätigkeit entstanden. Sie waren für den internen Schulgebrauch bestimmt und galten als esoterisch. Bekannte Titel sind: *Über das Schöne, Über das Gute oder das Eine, Über die ursprünglichen Hypostasen, Über die erkennenden Hypostasen und das absolut Transzendente, Über das Woher des Bösen.* Die ohne festen Plan entstandenen Schriften wurden von Plotins Schüler Porphyrios nach Themengruppen geordnet herausgegeben. Die Gesamtausgabe mit dem Titel *Enneaden* („Neunergruppen") umfasst sechs Abteilungen zu je neun Abhandlungen. Die Schriften Plotins sind in dieser Form der Nachwelt vollständig erhalten.

Quelle: Halfwassen, Jens: *Plotin und der Neuplatonismus.* Verlag C.H. Beck, München 2004.

Cusanus (1401–1464), Vordenker der Koinzidenzlehre, wurde in Cues an der Mosel (heute Bernkastel-Kues) als Sohn eines wohlhabenden Moselfischers und Händlers geboren. Sein ursprünglicher Name war Nikolaus Chrypffs („Krebs"), später ersetzt durch Nicolaus von Cues, latinisiert Nicolaus Cusanus.

Aufgewachsen ist er in der Obhut der Brüder des Gemeinsamen Lebens in Deventer, einer Vereinigung von Geistlichen und Laien, die sich in praktizierender Frömmigkeit besonders dem Schulunterricht widmeten. Sein Grundstudium absolviert er 1416 in Heidelberg. Anschließend (1417–1423) studiert er in Padua kanonisches Recht, sowie Naturwissenschaften, Mathematik und

Philosophie, wobei er mit den dortigen Humanisten in Kontakt tritt. Er beschließt sein Studium mit dem Doktorgrad. In Köln wird er 1425 zum Priester geweiht.

Durch Vermittlung eines befreundeten Kardinals nimmt Cusanus am Konzil von Basel (1432–1437) teil, das dem Reformkonzil von Konstanz zugerechnet wird. Dort vertritt er zunächst den Primat des Konzils vor dem Papst, wechselt dann aber zur Partei des Papstes. Er wird Mitglied einer Gesandtschaft der Papstpartei, die sich in Konstantinopel beim oströmischen Kaiser und dortigen Patriarchen um die Verständigung zwischen West- und Ostkirche bemüht (1437/38). Weitere Legationsreisen führen ihn auf die Reichstage von Mainz, Nürnberg und Frankfurt (1438–1448), auf denen Kirchenreformen erörtert werden. Zugleich ist er Visitator deutscher Klöster.

Der neue Papst Nikolaus V., ein Humanist, ernannte Cusanus zum Kardinal. Zugleich setzte er ihn entgegen dem Votum des Kapitels als Bischof von Brixen ein (1453–1457). Mit diesem Amt waren Befugnisse als Landesherr verbunden („Fürstbischof"), was zu gewalttätigen Auseinandersetzungen mit Herzog Sigismund von Tirol führte. Cusanus musste auf die im Fürstbistum abgelegene Burg Buchenstein (bei Canazei) fliehen. Von dort berief ihn der nachfolgende Papst Pius II., ebenfalls Humanist, als Verweser des Papstes nach Rom. Cusanus vermittelte in zahlreichen zwischenstaatlichen Konflikten. In diplomatischer Mission bereitete er einen Kreuzzug gegen die Türken vor, die 1453 Konstantinopel eingenommen hatten. In Ausübung dieser Aufgabe ist Cusanus 1464 im umbrischen Todi gestorben. Er wurde in seiner Kardinalskirche San Pietro in Vincoli in Rom beigesetzt.

Neben der ruhelosen kirchenpolitischen Tätigkeit fand Cusanus dennoch die Zeit zum Verfassen bedeutsamer Werke, in denen sich auf scholastischer Basis das humanistische und naturwissenschaftliche Denken der Renaissance ankündigt. Die Koinzidenzlehre wird in seinem ersten und zugleich wichtigsten Werk *De docta ignorantia* (1440) (Über die belehrte Unwissenheit) entwickelt und im darauf unmittelbar folgenden Werk *De coniecturis* (1442) (Über Mutmaßungen) fortgesetzt. Sie wird schließlich in seinem Alterswerk *De beryllo* (1458) (Über die Brille) zusammengefasst. Neben den genannten Schriften ist das Werk *Idiota de sapientia, de mente, de staticis experimentis* (1450) (Der Laie über die Weisheit, den Geist und die Versuche mittels der Waage) bedeutsam. Es gilt als Wegbereiter der neuzeitlichen quantitativ-experimentellen Naturforschung.

Quellen: Flasch, Kurt: *Nicolaus Cusanus*. Verlag C. H. Beck, München 2001. Hirschberger, Johannes: *Geschichte der Philosophie*. Verlag Herder, Freiburg i. Br. 1976. Weischedel, Wilhelm: *Die philosophische Hintertreppe – 34 große Philosophen in Alltag und Denken*. Deutscher Taschenbuch Verlag, München 1975.

René Descartes (1596–1650), Vordenker des Geist-Materie-Dualismus, wurde als Sohn einer adeligen Familie in der Touraine geboren. Er erhält seine Ausbildung am Jesuitenkolleg von La Flèche, das philosophisch und theologisch in der scholastischen Tradition steht. Er studiert 1613–1617 an der Sorbonne und erwirbt das Lizenziat für Rechtswissenschaften. In dieser Zeit wird er von seinem Mentor Kardinal Bérulle, Begründer des Oratoriums Jesu, in den Augustinismus eingeführt. Dieser vertritt eine theozentrische Geisteshaltung, in der der Mensch jegliche Eigenständigkeit aufgibt. Ebenso erhält er Zugang zu dem gelehrten Kreis, den sein väterlicher Freund Marin Mersenne, Mathematiker und Musiktheoretiker, in Paris um sich sammelt.

Dies ist die Ausgangsbasis der späteren vielfältigen geistigen Wirksamkeit des Descartes. Er gilt als genialer Mathematiker, begründet die analytische Geometrie. Als Philosoph formuliert er die Grundlagen des neuzeitlichen rationalen Denkens. Mit der neueren Naturwissenschaft setzt er sich umfassend auseinander, allerdings mit Spekulationen, die sich als unrealistisch erweisen sollten, darunter die unbewegte Erde, die Negation der Atome und des Vakuums, sowie die Annahme winziger Lebensgeister im Blutkreislauf, die die Bewegungen des Körpers steuern, ausgehend von seelischen Regungen in der Zirbeldrüse.

Descartes, der sich in Paris auch den weltlichen Vergnügungen eines wohlhabenden Adeligen hingibt, beschließt jedoch, sein Leben zu verändern. Er tritt als wohlhabender Offizier ohne Sold in den holländischen und später, ab 1619, in den bayerischen Kriegsdienst ein, vorgeblich, um die Welt und die Menschen kennenzulernen, wohl aber auch, um der Enge einer bürgerlichen Existenz zu entfliehen. Die Beweggründe der jeweiligen Kriegszüge sind ihm gleichgültig, das Töten interessiert ihn nicht, eher schon die dabei verwendeten Waffen und Gerätschaften. Besonders schätzt er die Winterquartiere, die ihm, zurückgezogen in einer abgelegenen warmen Unterkunft, ungestörtes Nachdenken ermöglichen. So widerfährt ihm auch die klare Erkenntnis des für seine Philosophie grundlegenden *cogito ergo sum* 1619 in der Wärme eines bayerischen Ofens in Neuburg an der Donau. Als Dank für diese Erkenntnis gelobt er eine Wallfahrt nach Loreto zur Mutter Gottes, die er vier Jahre später auch tatsächlich ausführt. Zu dieser Zeit kehrt Descartes nach Paris zurück, wo er zurückgezogen lebt und die Kontakte zu Bérulle und Mersenne fortsetzt.

Ab 1628 zieht sich Descartes nach Holland zurück, wo er über einen Zeitraum von zwanzig Jahren seine bedeutenden philosophischen Werke verfasst. Schließlich hält er es auch in Holland nicht mehr aus. Er nimmt das Angebot der Königin Christina von Schweden an, an ihren Hof überzusiedeln. Die Tatsache, dass die Königin schon fünf Uhr morgens mit ihm, dem Spätaufsteher, zu philosophieren wünscht, sowie die winterliche Kälte Schwedens setzen seiner Gesundheit zu. Noch bevor er an die Rückreise denken kann, stirbt er mit vierundfünfzig Jahren.

Die Begründung des Geist-Materie-Dualismus kann bei Descartes in seinem 1641 erschienenen metaphysischen Hauptwerk nachgelesen werden, das den Titel trägt *Meditationes de prima philosophia, in qua Dei existentia et animae immortalitas demonstrantur* (Meditationen über die Erste Philsophie, in der die Existenz Gottes und die Unsterblichkeit der Seele bewiesen werden).

Quellen: Descartes, René: *Meditationen über die Grundlagen der Philosophie*. Felix Meiner Verlag, Hamburg 1993. Hirschberger, Johannes: *Geschichte der Philosophie*. Verlag Herder, Freiburg i. Br. 1976. Weischedel,

Wilhelm: Die *philosophische Hintertreppe – 34 große Philosophen in Alltag und Denken.* Deutscher Taschenbuch Verlag, München 1975.

Friedrich W. Schelling (1775–1854), Vordenker der theosophischen Evolutionslehre, wurde als Sohn einer Pfarrersfamilie in Leonberg bei Stuttgart geboren. Als Stipendiat am Tübinger theologischen Stift (sein Zimmer mit Hegel und Hölderlin teilend, beide fünf Jahre älter als er) studiert er Philosophie und Theologie an der dortigen Universität. Ab 1793 - er ist zu diesem Zeitpunkt achtzehn Jahre alt - erscheinen in rascher Folge erste Schriften, mit denen er in der Naturphilosophie sein eigentliches Thema findet. Bereits 1798 wird er auf Betreiben Goethes als ordentlicher Professor nach Jena berufen. Hier tritt er in engen Kontakt mit Literaten der Romantik, darunter Tieck, Novalis und die Brüder Schlegel. Er heiratet 1803 Caroline Schlegel.

Im selben Jahr geht er als Professor nach Würzburg, bietet auch Vorlesungen in Erlangen an und wird 1827 ordentlicher Professor in München sowie Generalsekretär der Bayerischen Akademie der Bildenden Künste. 1841 wird er von Friedrich Wilhelm IV. an die Universität Berlin berufen mit dem Auftrag, sich dem pantheistischen Denken Hegelscher Prägung entgegenzustellen. Hegel, zuletzt Rektor der Berliner Universität, war 1831 überraschend gestorben.

Nach kurzer Vorlesungstätigkeit in Berlin zieht sich Schlegel aus der Öffentlichkeit zurück. Das allgemeine Interesse am Deutschen Idealismus und am Geist der Romantik war erloschen. Stattdessen trat das positivistische naturwissenschaftliche, der Technik zugewandte

Denken in den Vordergrund. Schelling ist 1854 in Bad Ragaz gestorben.

Schellings Philosophie lässt sich, abgesehen von Frühschriften zu Kant und Fichte, drei Perioden zuordnen, in denen die ursprünglichen Ansätze nicht immer widerspruchsfrei abgewandelt, erweitert und vertieft werden: die Periode der Naturphilosophie 1797–1802, die Periode der Identitätsphilosophie 1802–1809 und die Periode der Theosophie ab 1809. Die theosophische Evolutionslehre ist der dritten Periode zuzuordnen. Sie gründet in den Schriften des schlesischen Mystikers Jakob Böhme (1575–1624), dessen Denken um den „Ungrund" der Welt kreist, aus dessen Finsternis das Licht geboren wird, in dem aber auch das Böse seinen Sitz hat.

Die Theosophie Schellings ist in der Schrift *Über das Wesen der menschlichen Freiheit* (1809), in den *Stuttgarter Privatvorlesungen* (1810) und in Entwürfen zu *Die Weltalter* (1811/13/14) erläutert. Sie reicht von der Gottwerdung (Theogonie) über die Weltentstehung bis zur Christologie, letztere publiziert in *Philosophie der Mythologie und Philosophie der Offenbarung* (1856/58).

Quellen: Hirschberger, Johannes: *Geschichte der Philosophie*. Verlag Herder, Freiburg i. Br. 1976. Weischedel, Wilhelm: *Die philosophische Hintertreppe – 34 große Philosophen in Alltag und Denken*. Deutscher Taschenbuch Verlag, München 1975.

Charles Darwin (1809–1882), Vordenker der biologischen Evolutionstheorie, wurde als Sohn reicher Eltern in Shrewsbury (Wales) geboren. Erst mit acht Jahren wird er eingeschult, verliert im selben Jahr seine Mutter, wechselt ein Jahr darauf in die Internatsschule von Shrewsbury.

Ein Medizinstudium in Edinburgh 1825–1827 bricht er nach zwei Jahren ab. Das anschließende Theologiestudium am Christ's College in Cambridge kann er mit dem Baccalaureat (unterster akademischer Grad) abschließen. Bedeutsamer für sein späteres Leben sind die in Cambridge geknüpften Kontakte zu John Henslow, anglikanischer Geistlicher und Professor für Botanik, sowie zu Adam Sedgwick, Professor für Geologie. Zugleich beeindrucken ihn die Reisebeschreibungen Alexander von Humboldts.

1831–1836 nimmt Darwin an einer Forschungsfahrt des Dreimaster-Segelschiffs *Beagle* nach Südamerika teil, was seinen weiteren Lebensweg nachhaltig prägt. Im Auftrag der englischen Regierung sollen die Küsten Südamerikas vermessen werden. Ein junger Naturwissenschaftler soll teilnehmen und Darwin, von Henslow vorgeschlagen, sagt zu. Die Fahrt führt von England an die Ostküste Südamerikas bis nach Feuerland, dann entlang der Westküste zu den Galapagos-Inseln, von dort über Neuseeland, Australien und die Südspitze Afrikas zurück nach England. Darwins Ausbeute der Forschungsfahrt sind Sammlungen, Beobachtungen und Untersuchungen zu Flora und Fauna an Land und im Meer, Studien zur Geologie, Fossilienfunde in Patagonien, Dokumentationen der Tierwelt auf den Galapagos-Inseln. Die von Insel zu Insel variierenden Finkenarten legten den Abstammungs- bzw. Evolutionsgedanken nahe.

1836 nach England zurückgekehrt ordnet Darwin zunächst seine mitgebrachten Sammlungen in Cambridge.

1837 nimmt er eine Wohnung in London, wo er mit namhaften Naturwissenschaftlern in Kontakt tritt, darunter die freundschaftliche Beziehung zu dem bedeutenden Geologen Charles Lyell. 1839 heiratet er seine Cousine Emma Wedgewood, mit der er zehn teilweise früh verstorbene Kinder hat. 1841 erwirbt er ein großzügiges Anwesen im Dorf Downe (*Down House*) südlich von London, wo er ein der Wissenschaft gewidmetes Leben beginnt und bis zu seinem Tode fortführt.

In Down House entstehen die naturwissenschaftlichen Werke Darwins, darunter sechzehn Buchtitel, deren thematische Vielseitigkeit aus folgender Übersicht hervorgeht: Reisebericht, Bau und Verbreitung der Korallenriffe, geologische Beobachtungen über die vulkanischen Inseln, geologische Beobachtungen über Südamerika, Monografie der Rankenfüßler, Entstehung der Arten durch natürliche Auslese, Bewegung und Lebensweise kletternder Pflanzen, Befruchtung der Orchideen durch Insekten, Abwandlung von Tieren und Pflanzen durch Domestikation, Abstammung des Menschen und geschlechtliche Zuchtwahl, Ausdruck der Gemütsbewegungen bei Menschen und Tieren, Insekten fressende Pflanzen, Wirkungen der Kreuz- und Selbstbefruchtung im Pflanzenreich, verschiedene Blütenformen an Pflanzen derselben Art, Bewegungsvermögen der Pflanzen, Humusboden durch Regenwürmer.

Die Grundlagen der biologischen Evolutionstheorie werden durch Darwins Hauptwerk *On the Origin of Species by Means of Natural Selection, or the Preservation of Favoured Races in the Struggle for Life* (1859) gelegt, ergänzt durch das spätere Werk *The Descent of Man, and Selection in Relation to Sex* (1871), das die Abstammung des Menschen von tierischen Vorfahren nachzuweisen versucht. Den Gedanken des Artenwandels und der Selektion im „Kampf ums Dasein" hat zur selben Zeit wie Darwin der Naturforscher Alfred Wallace in Aufsätzen dargelegt.

Charles Darwin starb 1882 in Downe. Er wurde in der Westminster Abbey feierlich beigesetzt.

Quelle: Hemleben, Johannes: *Charles Darwin.* Rowohlt Taschenbuch Verlag, Reinbek b. Hamburg 1968.

Teilhard de Chardin (1881–1955), Vordenker einer umfassenden Evolutionstheorie wurde in der Auvergne nahe Clermont-Ferrand geboren. Seine dem Landadel entstammenden Eltern bewirtschafteten ein Landgut. Sein Vater war außerdem als Archivar in der nahen Stadt tätig. Seine Mutter war tief religiös.

Ab 1893 besucht Teilhard ein angesehenes Jesuitenkolleg nördlich von Lyon. 1899 tritt er als Novize in den Jesuitenorden ein, in dem er neunzehn Jahre später das Ordensgelübde ablegt. 1905 wird er als Lehrer für Physik und Chemie an das Jesuitenkolleg in Kairo entsandt. Ab 1908 absolviert er ein Theologiestudium im Südosten Englands. 1911 wird er zum Priester geweiht. Zur selben Zeit betreibt er paläontologische Forschungen. In Paris belegt er das Studienfach Paläontologie (Wissenschaft von den Lebewesen vergangener Erdperioden).

1914 wird Teilhard als Sanitätskorporal zur französischen Armee einberufen. Er nimmt als Frontsoldat an den großen Schlachten des ersten Weltkriegs teil, an der Marne, bei Ypern und um Verdun, bleibt unverletzt und wird 1918 hochdekoriert aus dem Militärdienst entlassen.

1920 besteht Teilhard an der Sorbonne die naturwissenschaftliche Diplomprüfung, wird 1922 promoviert und erhält eine außerordentliche Professur am Institut Catholique de Paris. Forschungsreisen zur Geologie und Paläontologie führen ihn nach Birma, Äthiopien, Indien, Java und China. 1924 kehrt er nach Paris zurück, wo er seine Vorlesungen wieder aufnimmt.

1925 droht ihm aufgrund eines Arbeitspapiers zur evolutiven Neuinterpretation der Erbsündenlehre ein kirchenrechtliches Verfahren. Um dieses zu vermeiden, wird er von der Ordensleitung nach Peking versetzt und muss seine Vorlesungstätigkeit in Paris aufgeben. Er nimmt an geologischen Forschungsreisen in China und in der Mongolei teil. 1929 ist er an der Entdeckung eines Schädels des „Pekingmenschen“ (*Sinanthropus pekinensis*) in einer Höhle südlich von Peking beteiligt (neueste Altersangabe 780 Tsd. Jahre). 1933–1939 besucht Teilhard Fundorte der Knochen von Frühmenschen in Indien, Java und Birma mit Zwischenaufenthalten in Frankreich und in den Vereinigten Staaten. Den zweiten Weltkrieg verbringt Teilhard erzwungenermaßen in Peking.

1946 kehrt Teilhard nach Frankreich zurück, bereitet Vorlesungen an der Sorbonne vor, die ihm aber untersagt werden. 1951 besucht er Fundstätten und Sammlungen der Knochen von Frühmenschen in Südafrika.

Im selben Jahr wird er von der Ordensleitung erneut aus Paris verbannt, diesmal nach New York, wegen einiger falscher Ansichten über die Grundlagen der katholischen Lehre. In New York wird er von einer Stiftung für anthropologische Forschung unterstützt, kann Ausgrabungsstätten in Nord- und Südamerika, sowie erneut in Südafrika besuchen.

Teilhard ist 1955 in New York gestorben. Sein Grab befindet sich auf dem mittlerweile aufgegebenen Jesuitenfriedhof am Hudson River nördlich von New York.

Das posthum publizierte naturwissenschaftliche und philosophisch-theologische Werk Teilhards umfasst zahlreiche Bücher sowie unzählige Briefe und Tagebuchnotizen. Teilhard war unermüdlich schriftstellerisch tätig, auch unter widrigsten äußeren Umständen. Unter den naturwissenschaftlichen Schriften sind das 1940 in Peking entstandene Werk *Le phénomène humain* (deutscher Titel: Der Mensch im Kosmos) und die zu Vorlesungen an der Sorbonne 1949 verfasste Schrift *Le groupe zoologique humain* (deutscher Titel: Die Entstehung des Menschen) grundlegend. In ihnen wird eine umfassende Evolutionstheorie entworfen.

Quellen: Artikel über Teilhard de Chardin in Wikipedia. Hemleben, Johannes: *Pierre Teilhard de Chardin*. Rowohlt Taschenbuch Verlag, Reinbek b. Hamburg 1966.

Vorstellung des Autors

Dieter Radaj, promoviert und habilitiert an der Technischen Universität Braunschweig, war in Industrie, Wissenschaft und Lehre in leitender Funktion tätig. Er ist Autor zahlreicher fachwissenschaftlicher Werke sowie mehrerer Bücher zu aktuellen Fragen der Welterkenntnis und des Lebensvollzugs.

Publikationen des Autors zu Welterkenntnis und Lebensvollzug

Radaj, Dieter: *Machtfeld der Technik und Bewahrung der Schöpfung*. In: *Das Ende der Geduld – Carl Friedrich von Weizsäckers >Die Zeit drängt< in der Diskussion*, S. 108–128. Carl Hanser Verlag, München 1987.

Radaj, Dieter: *Rund um Attenloh – Aquarelle und Schriftkunst von Prof. Paul Hampel, Einführung zu Leben, Werk und Person*. Diakonie Verlag, Reutlingen 2009.

Radaj, Dieter: *Buddhisten denken anders – Schulen und Denkwege des traditionellen und neuzeitlichen Buddhismus*. IUDICIUM Verlag, München 2011.

Radaj, Dieter: *Weltbild in der Krise – Naturwissenschaft, Technik und Theologie*. oekom verlag, München 2013.

Radaj, Dieter: *Weischedels Minimaltheologie im Spiegel der Sprachkunst – Bausteine zu einer zeitgemäßen Gotteslehre*. Echter Verlag, Würzburg 2016.

Radaj, Dieter: *Philosophische Grundbegriffe der Naturwissenschaften – Sein und Werden, Raum und Zeit, Kausalität und Wechselwirkung, Zufall und Notwendigkeit*. Wissenschaftliche Buchgesellschaft, Darmstadt 2017.

Radaj, Dieter: *Spinozas und Einsteins apersonaler Gottesbegriff – Ursprung, Folgen, Überwindung*. Wissenschaftliche Buchgesellschaft, Darmstadt 2019.

Radaj, Dieter: *Vier Meditationen zum Gottesbegriff*. Wissenschaftliche Buchgesellschaft, Darmstadt 2021.

Radaj, Dieter: *Wege zu einer umfassenden Evolutionstheorie.* tredition, Hamburg 2022.